新时代乡村振兴丛书

刘 舒 马正兵 郑洲翔◎主编

桃金娘
栽培技术彩色图说

SPM 南方传媒 | 广东科技出版社
全国优秀出版社
·广州·

图书在版编目（CIP）数据

桃金娘栽培技术彩色图说 / 刘舒，马正兵，郑洲翔主编. -- 广州：广东科技出版社，2025. 5. --（新时代乡村振兴丛书）. -- ISBN 978-7-5359-8447-0

Ⅰ. S667.9-64

中国国家版本馆CIP数据核字第2025EK5883号

桃金娘栽培技术彩色图说

Taojinniang Zaipei Jishu Caise Tushuo

出 版 人：严奉强

责任编辑：尉义明

装帧设计：柳国雄

责任校对：李云柯　　吴玉婷

责任印制：彭海波　　林记松

出版发行：广东科技出版社

　　　　　（广州市环市东路水荫路11号　邮政编码：510075）

销售热线：020-37607413

https://www.gdstp.com.cn

E-mail：gdkjbw@nfcb.com.cn

经　　销：广东新华发行集团股份有限公司

排　　版：创溢文化

印　　刷：广州市东盛彩印有限公司

　　　　　（广州市增城区新塘镇上邵村第四社企岗厂房A1　邮政编码：510700）

规　　格：889 mm×1 194 mm　1/32　印张2.125　字数58千

版　　次：2025年5月第1版

　　　　　2025年5月第1次印刷

定　　价：20.00元

如发现因印装质量问题影响阅读，请与广东科技出版社印制室
联系调换（电话：020-37607272）。

桃金娘科植物广泛分布于热带和亚热带地区，是全球重要的木本植物，约有100属3 000种以上，占世界木本植物种类比重超过10%。桃金娘科植物中部分属具有极高的经济价值，比如桉属是优良的木材，蒲桃属中不少物种是果树和化工原材料。桃金娘作为桃金娘科灌木中的重要代表，也具有药用、营养、生态、观赏等方面的重要价值。

桃金娘是一种具有观赏价值和经济价值的灌木或小乔木。其果实不仅口感鲜美，还富含多种维生素和矿物质，具有很高的营养价值。此外，桃金娘的花朵也具有很高的观赏价值，是园林绿化和盆栽观赏的理想选择。

桃金娘以其独特的风姿和丰富的营养价值，成为众多园艺爱好者和农业生产者心中的瑰宝。为了让更多的人了解并掌握桃金娘的栽培技术，我们通过对桃金娘有关研究进行系统梳理，精心编撰了这本《桃金娘栽培技术彩色图说》，以图文并茂的形式，深入浅出地介绍桃金娘的栽培知识，希望能帮助桃金娘研究者、生产者和爱好者快速了解桃金娘相关知识和研究进展，为更好研究和开发利用桃金娘提供科学参考。本书共分为五章，对桃金娘的起源分布、植物学特征、繁殖方法、种植方法、病虫害防治等方面进行了全面系统的介绍。每章都配有丰富的彩色图片和详细的文字说明，使读者能够快速直观地了解桃金娘的生长过程和栽培要点。本书作为"新

时代乡村振兴丛书"之一，用规范、通俗、易懂的方式，将相关产业中的创新实用技术、经验方法呈现给读者。

在编写过程中，我们始终坚持以科学性、实用性和通俗性为原则，力求让每一位读者都能轻松掌握桃金娘的栽培技术。我们相信，通过阅读本书，您将能够更好地了解桃金娘这一美丽而富有价值的植物，为生活增添一份绿色和美好。在此，我们衷心感谢各位读者朋友对本书的关注和支持。鉴于编者专业技术水平限制，书中难免存在错漏之处，敬请广大读者批评指正。

编　者

2025年1月

目 录

第一章　桃金娘概述 / 01

一、桃金娘的起源与分布 / 02

二、桃金娘的栽培历史与现状 / 09

三、桃金娘的应用价值 / 11

第二章　桃金娘植物学与生物学特征 / 15

一、植物学特征 / 16

二、生物学特征 / 22

第三章　桃金娘繁殖方法 / 27

一、播种繁殖 / 28

二、扦插繁殖 / 34

三、组织培养繁殖 / 39

第四章　桃金娘建园与种植方法 / 41

一、资源圃的建立 / 42

二、生产园建立 / 49

三、园林造景和造林定植 / 52

第五章　桃金娘病虫害防治 / 55

一、病虫害防治原则 / 56

二、主要病害及其防治方法 / 56

三、主要虫害及其防治方法 / 60

参考文献 / 62

第一章
桃金娘概述

一、桃金娘的起源与分布

桃金娘［*Rhodomyrtus tomentosa* (Ait.) Hassk.］又名马兰子、山稔、岗稔、当梨、豆稔、桃娘等，是桃金娘科（Mrytaceae）桃金娘属（*Rhodomyrtus*）植物（图1-1）。

1. 桃金娘的起源

关于桃金娘的最早文字记载见于三国时期，东吴太守沈莹的《临海水土异物志》，载曰："多南子，如指大，其色紫，味甘，与梅子相似，出晋安。"至于"桃金娘"这个名称，最有可能来源于谐音字"逃军粮"。《清稗类钞》（第四十四卷 植物类）记载"桃金娘粤中草花也，花似梅而微锐，色似桃而倍赤，中茎纯紫，丝为深黄"。桃金娘花色与桃花相似，花丝金黄，这大概就是名称由"逃军粮"逐步演变成"桃金娘"的原因。

桃金娘使用历史悠久，最早药用记载可追溯到唐代。桃金娘也由最初味美的野果发展成为药食两用的中药材。其功效记载也由最初果实暖腹、益肌肉的简单认识，发展至果实能明目养血，花能行血，叶能止血止痢、治疳积，根能治心痛等全株多个药用部位、多重功效的认识。桃金娘在岭南广有分布，在岭南民间也是常用道地药材。

图1-1 桃金娘全株

2. 桃金娘的分布

桃金娘属植物共约有18种，我国仅有1种分布。桃金娘野生资源丰富，分布广泛，原产中国、老挝、越南、柬埔寨、泰国、缅甸、菲律宾、日本、印度、斯里兰卡、马来西亚、印度尼西亚等，在我国，桃金娘主要分布于广东、广西、海南、江西、湖南、福建、台湾、云南、贵州等地。

通过实地考察和对气象数据进行分析，大致确定桃金娘在我国的分布北限为贵州荔波到福建连江的一个纬度范围内。桃金娘在我国广东、广西、海南等地分布最为广泛，其中在海南的野生分布主要集中在北部人为干扰较少的地区，即澄迈县山口镇、文昌市昌洒镇、琼中黎族苗族自治县鹦哥岭等地，其他县、市仅零星分布于丘陵和山坡上。

本研究团队于2019年对我国桃金娘种质资源进行了调查，调查涉及广东、广西、湖南、贵州、福建、海南、浙江、江西等8个省区30个县（市、区）（表1-1），野生桃金娘零星或成片分布于林下开阔的山坡地，野生资源蕴藏量丰富。本研究团队对不同种源地的桃金娘进行了采种收集（图1-2）。

表1-1　野生桃金娘资源分布情况

序号	种源地	经度/°	纬度/°	具体位置
1	古田	118.682 790	26.349 937	福建省宁德市古田县水口镇溪岗村闽江边
2	连城	116.639 092	25.326 051	福建省龙岩市连城县新泉镇芷红村
3	仙游	118.783 872	25.399 878	福建省莆田市仙游县榜头镇上昆村连龙寻沿路边

续表

序号	种源地	经度/°	纬度/°	具体位置
4	潮安	116.600 101	23.735 535	广东省潮州市潮安区文祠镇大洋坑
5	连平	114.492 731	24.411 906	广东省河源市连平县元善镇警雄村4林班12小班
6	博罗	114.560 619	23.557 489	广东省惠州市博罗县石坝镇乌泥村佛祖坳
7	惠阳	114.560 906	22.982 375	广东省惠州市惠阳区良井镇矮光村大白岭
8	开平	112.526 459	22.567 112	广东省江门市开平市镇海林场
9	连山	112.093 425	24.648 905	广东省清远市连山县林场大富工区
10	大埔	116.567 340	24.390 181	广东省梅州市大埔县三河镇汇城村观音阁韩江边上
11	南雄	114.280 113	25.094 152	广东省韶关市南雄县良田镇东厢辅浈江东岸
12	大鹏	114.492 606	22.543 633	广东省深圳市大鹏区南澳镇S359线旁
13	雷州	110.290 909	20.660 757	广东省湛江市雷州市调凤镇九龙山月岭
14	廉江	109.789 676	21.617 133	广东省湛江市廉江市高桥镇大冲村
15	右江	106.562 106	23.832 178	广西壮族自治区百色市右江区伴水乡那怀屯
16	桂平	110.115 998	23.577 838	广西壮族自治区贵港市桂平市金田镇
17	临桂	110.128 200	25.126 631	广西壮族自治区桂林市临桂区四塘镇李家村

续表

序号	种源地	经度/°	纬度/°	具体位置
18	都安	108.114 829	23.918 003	广西壮族自治区河池市都安瑶族自治县安阳镇周务村
19	象州	109.938 262	24.007 804	广西壮族自治区来宾市象州县中平镇
20	武鸣	108.341 525	23.490 450	广西壮族自治区南宁市武鸣区两江镇明山村板稔
21	邕宁	108.544 636	22.820 824	广西壮族自治区南宁市邕宁区马山移民扶贫新村
22	陆川	110.261 172	22.370 899	广西壮族自治区玉林市陆川县X383线旁
23	荔波	108.096 253	25.312 717	贵州省黔南布依族苗族自治州荔波县立化镇十二索村
24	琼中	109.569 808	19.044 180	海南省琼中黎族苗族自治县什运乡S310线旁
25	澄迈	110.052 961	19.780 926	海南省澄迈县金江镇大拉村龙腰上组
26	临高	109.634 722	19.738 611	海南省临高县南宝镇武郎村
27	汝城	113.776 859	25.387 685	湖南省郴州市汝城三江口九龙江村松园山脊
28	平阳	120.277 083	27.597 194	浙江省温州市平阳县南雁镇南雁村（仙姑洞）
29	南康	114.817 222	25.667 222	江西省赣州市南康区蓉江街道下石垄
30	浦北	109.360 771	22.160 714	广西壮族自治区钦州市浦北县五皇山国家地质公园

A—福建仙游；B—广东连平；C—广西都安；D—贵州荔波。

图1-2 桃金娘野生资源调查及采种

3. 种质资源研究现状

遗传多样性是生物多样性的重要组成部分，是生态系统多样性和物种多样性的基础，广义的遗传多样性是指地球上所有生物携带的遗传信息的总和；狭义的遗传多样性主要指种内不同群体之间

或一个群体内不同个体的遗传变异的总和。种内遗传多样性越丰富，物种对环境的适应能力就越强。目前，遗传多样性的检测主要采用形态学标记（表型性状检测）结合分子标记的方法（DNA检测等）。

当前对桃金娘遗传多样性的分析研究主要采用分子标记手段，研究者利用11个ISSR引物对香港10个桃金娘种群进行遗传多样性分析，结果表明在物种水平上有较高的遗传变异。群体间遗传分化系数较高，与其他异交种相比遗传流量较低。也有研究者利用新一代单核苷酸多态性标记技术（SNP）对采自中国20个种源共179份野生桃金娘植株材料进行亲缘性差异遗传分析，将20个桃金娘种源分为7个类群。采用SRAP技术对广西8份野生桃金娘种质进行亲缘关系分析，根据其相似系数，有效地将其分为三大类群。

本研究团队对桃金娘的营养器官、花器官和果实表型性状进行了观测分析，发现不同种源桃金娘表型性状存在显著差异，表型性状多样性丰富。种源间的变异系数高于种源内变异，营养器官变异高于花器官变异，部分性状存在极显著或显著相关性，株高与分枝数呈极显著负相关，而与叶长、叶宽和叶面积等却呈显著正相关。此外，项目团队通过Illumina和Nanopore ONT读取桃金娘DNA信息大小分别为14 G和9.4 G。Illumina测序和Nanopore测序的总数分别为77 527 156和436 319。最终得到了一个大小为400 481 bp的桃金娘线粒体基因组构象图（图1-3）。这些研究为桃金娘种质资源保存鉴定、亲本选配和遗传改良提供了理论依据。

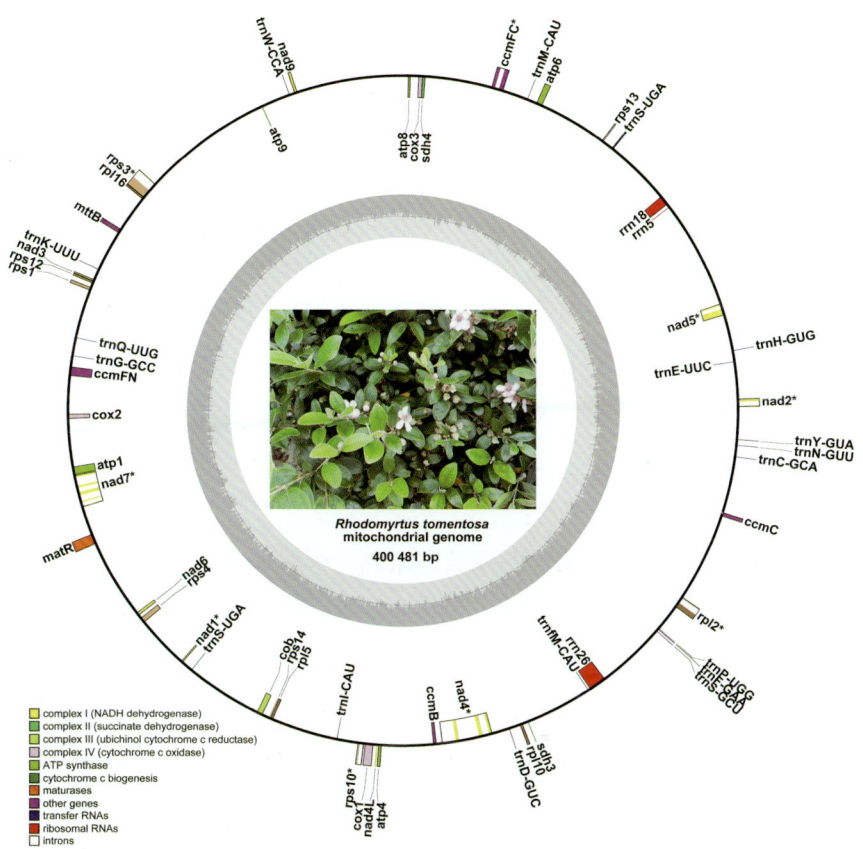

图1-3 桃金娘线粒体基因组环状图谱

二、桃金娘的栽培历史与现状

1. 栽培历史

最早有桃金娘人工栽培记载的应是隋唐时期。据明朝李时珍《本草纲目》第三十一卷记载，唐朝杜宝《大业拾遗录》载有：

"都念子生岭南。隋炀帝时进百株,植于西苑。树高丈余,叶如白杨,枝柯长细。花心金色,花赤如蜀葵而大。子如小枣,蜜渍食之,甘美益人。"当时的西苑在隋朝东都洛阳城以西。这表明当时已有异地移植桃金娘的现象,至于有没有移植成功,那就另当别论了。清朝初年陈淏子在《花镜》中详细描述了桃金娘的分蘖繁殖方法:"金丝桃一名桃金娘,出桂林郡,花似桃而大,其色更赫,中茎纯紫,心吐黄须,铺散花外,俨若金丝,八九月果熟,青绀若牛乳状,其味甘,可入药用,如分种当从根下劈开,仍以土覆之,至来年移植便活。"到了民国初年,孔庆莱等人所著的《植物学大辞典》中提到桃金娘作为观赏植物的越冬栽培方法,即"此植物供观赏之用,冬月养于温室中"。

综上所述,桃金娘人工栽培历史最早可追溯至隋朝,历朝历代植物学典籍中也有零星对桃金娘栽培方法的描述,但都比较零散,缺乏系统性。

2. 栽培现状

21世纪以前,我国农业发展的重心一直是粮食作物,桃金娘遍布华南地区乡野,鲜少有人关注,那时几乎没有对桃金娘栽培的报道。

2000年以后,华南部分地区以炼山的方式种植桉树、果树等,经济作物逐渐增多,造成原生分布于低矮山坡的桃金娘种群数量锐减,加之部分不良园艺从业者盗挖野生桃金娘下山桩作为盆景和盆栽,野生桃金娘大苗数量逐年递减,这也促使部分园艺从业者开始人工培育桃金娘种苗。尤其是近年来,人们越来越重视绿色健康食品开发,桃金娘作为一种乡村野果广受大众喜爱。国家乡村振兴战略实施以后,各地种植桃金娘的企业和个体经营者更是如雨后春笋般涌现。

据不完全统计，到2020年底，华南地区人工栽培桃金娘的数量已超过1 000万株，种植面积在3万亩（亩为非法定单位，1亩=1/15 hm^2≈666.67 m^2）以上，广东和广西种植数量最多。在广州市增城区有数十处桃金娘育苗基地，每年销售桃金娘种苗在百万株以上，多数种苗销售到各地的生态庄园和采摘园，如广州市增城区朱村街道联兴村采摘园、佛山市高明区明城镇泰康山生态园等。不仅如此，各地以开发利用桃金娘为主题的生态农业项目也在如火如荼地建设中。如海南保亭黎族苗族自治县的桃金娘种植农业观光旅游示范基地项目，计划建设2个100亩产业化种植示范园、2个45亩生态种植基地及10亩农业观光旅游接待区。位于惠州博罗县的中国大湾区（惠州）山稔国际生态康养特色小镇项目，计划建设占地面积超过2万亩，以桃金娘为主题的中草药、健康食品、生态智慧养老、农耕文化体验、山地休闲运动拓展、客家民俗民宿等六大产业园区。这些项目的规划均反映出各地种植桃金娘的热情正在不断高涨，桃金娘栽培迎来了一个崭新的时期。

三、桃金娘的应用价值

1. 生态价值

桃金娘耐干旱贫瘠环境，其果实经过鸟类消化后随粪便排出种子，种子数量巨大，容易在荒坡地生根发芽，是华南退化草坡自然恢复过程中的先锋种和优势种。桃金娘根系发达，容易攀附在岩石周围生长，对于植被恢复和水土保持有重要作用（图1-4）。

图1-4　广东省潮州市潮安区野生桃金娘

2. 保健价值

（1）抗氧化作用

桃金娘果实中的花色苷等黄酮类及多糖类化学成分，能够去除人体的自由基，延缓细胞衰老。

（2）提高免疫力

桃金娘果实富含有机锰，能用于预防肝炎等疾病。果实中的黄酮类及多糖类化学成分能够很好地降血脂及软化血管，由此对冠心病、阿尔茨海默病等疾病具有较好的预防功效。

（3）其他保健作用

桃金娘果实晒干后浸酒可调经活血、补血、健脾、补肾、美容养颜。桃金娘的精油能够祛痘止痒。果实挥发油中的萜类物质含有芬芳气味，对人体器官能产生刺激或镇静作用。

3. 药用价值

桃金娘的根、叶、果实均可入药。果实具有补血、滋养、安胎的功效，用于贫血、病后体虚、神经衰弱、耳鸣、遗精等。根可祛风活络、收敛止泻，主治急慢性肠胃炎、胃痛、消化不良、肝炎、痢疾、风湿关节炎、腰肌劳损、功能性子宫出血等，中成药有复方岗稔片。

4. 观赏价值

桃金娘花色艳丽，是少有的变色花卉，可作为插花花材使用；桃金娘耐水湿、耐干旱，株形紧凑，花小而密，是花径、绿篱的良好选择（图1-5）。此外，桃金娘枝干古朴、苍劲有力，可经修剪作为盆景观赏（图1-6）。

图1-5 作为花径使用的桃金娘

图1-6　作为盆景观赏的桃金娘

第二章
桃金娘植物学与生物学特征

一、植物学特征

桃金娘为常绿灌木，高3～4 m，幼枝密被柔毛。

1. 根

桃金娘根为灰棕色，由主根、侧根和须根组成。桃金娘主根短，呈圆柱形，略弯曲。外皮灰棕色或黑褐色，粗糙，常脱落，脱落处显赭红色或棕红色（图2-1）。质硬不易折断，断面淡棕色，老根可见同心环纹。

图2-1　桃金娘根系

显微鉴别根（直径为4 cm）横切面：木栓层为3～5列细胞，内壁增厚。韧皮外侧有较多纤维及少数石细胞散在，纤维直径35～63 μm，壁厚14～17 μm，层纹明显；韧皮薄壁细胞内含草酸钙方晶，直径7～10 μm；射线1～2列细胞宽。木质部导管单个径向排列，直径17～87 μm；周围有木纤维，直径14～21 μm；木射线宽，有1～2列细胞，壁木化，有纹孔。侧根发达，呈放射状，长可达1～2m，质硬，黄褐色。

2. 枝

桃金娘枝为圆柱形，幼苗枝先呈紫红色，后逐渐变成红褐色直至灰白色。枝形为假二叉或合轴分枝，嫩枝常有灰白色柔毛。主枝较光滑，1条至多条不等，分枝角不定。株形随分枝数量从紧凑到分散均有分布。按照基部分枝数量，可将株形分为有明显主干型和无明显主干型。野外常以无明显主干型居多，枝干高1～2m，地径1～3cm（图2-2）。

图2-2　桃金娘枝干

3. 叶

桃金娘叶对生，革质；叶片椭圆形或倒卵形，长3～9 cm，宽1～4 cm，先端圆或钝，常微凹入，有时稍尖；基部阔楔形，上面初时有毛，以后变无毛，发亮，下面有灰色茸毛；离基三出脉，直达先端且相结合，边脉离边缘3～4 mm，中脉有侧脉4～6对，网脉明显；叶柄长4～7 mm（图2-3）。

图2-3　桃金娘叶片

4. 花

桃金娘花生于嫩枝枝顶和叶腋处，花梗长5～20 mm，常2朵对生（图2-4），一前一后开放，桃金娘花色呈现是一个动态的变化过程，为国内罕见的变色花卉，其花色在开放初期呈紫红色，随着开放过程逐渐变浅，最终转变为白色（图2-5）。同一朵花花期在3天左右，花径2～4 cm；萼管倒卵形，长6 mm，有灰茸毛，萼裂片5，近圆形，长4～5 mm，宿存；花瓣5，倒卵形，长1.3～2 cm；雄蕊红色，长7～8 mm；子房下位，3室，花柱长1 cm。

图2-4 桃金娘花

图2-5 桃金娘花色变化

5. 果实

桃金娘果实为浆果，呈卵状壶形，每千克果粒数量600粒左右，果长1.3～2 cm，果宽0.8～1.7 cm，桃金娘果实从初生的绿色逐渐过渡为鲜艳的红色，最终为完全成熟的紫黑色，果汁多，酸甜可口；子房下位，3室，每室2列，共6列（图2-6）。

图2-6　桃金娘果实

每一粒果实结种量为40～150粒，不同地域果实成熟期不一致，同一地点的相同植株果实成熟时间也不一致。大体上呈现低纬度成熟期早，高纬度成熟期迟；枝顶成熟早，枝顶下成熟晚的特点。

果实不仅口感鲜美，而且富含多样化的营养成分，营养价值相当全面。具体来看，其含有高达34.97%粗纤维、6.21%粗蛋白及18.53%总糖，为人体提供丰富的能量来源。更令人瞩目的是，每百克桃金娘果实中维生素C的含量高达28.8 mg，β-胡萝卜素含量为0.388 mg，还有0.19 mg的维生素B。不仅如此，它还含有18种氨基酸，总量达43.53 mg/g，其中有8种为人体所必需，占氨基酸总量的30.94%。特别值得一提的是，谷氨酸的含量最高，占总量的20.5%，它在人体代谢中扮演着重要角色，是脑组织生化、代谢的首要氨基酸，有助于合成各种重要的活性物质，并在大脑、肌肉、肝脏等组织中发挥解氨毒的作用。

桃金娘果实既可以直接享用，又可以用来酿酒或制作饮料，在品味美味的同时，也能摄取到丰富的营养。

6. 种子

桃金娘种子为扇形，宽2 mm左右，厚0.6 mm左右，干种子千粒重2.5～6 g（图2-7）。种皮很硬，胚乳很少，这可能是播种萌发率不高的原因。

图2-7　桃金娘种子

二、生物学特征

1. 生长发育特性

桃金娘属于常绿灌木，大部分无明显主干，从基部发枝，数量不等，多数植株高1～2 m。桃金娘同其他木本植物一样，具有生命周期和年周期，其生命周期始于胚的形成，终于植株死亡。历经幼年时期、青年时期、壮年时期和老年时期4个生命阶段。

桃金娘寿命较长，可达百年乃至数百年，据报道，广东信宜城北一个农场内有一株树龄超300年的桃金娘古树，地径达35 cm。在野外多数植株因不利的生存条件（如干旱、上层植被争夺空间等）而无法完成整个生命周期，过早死亡。桃金娘幼年生长较快，播种后一年即可长至40～50 cm高，翌年夏季便可开花。但花朵数量少，很难结果。一般3～4年即进入青年时期，此时开花数量较多，也能挂果，5年以后到壮年时期，开花及结果数量都显著增加，并随着树龄增大而不断增大，直至进入老年阶段。成年的桃金娘叶片的年周期不像落叶植物那么明显，但也会有枝叶的更新和凋落，在分布地区一年四季都可进行不同程度的生长发育。

（1）枝梢的生长发育

在适宜的条件下，桃金娘枝梢生长量大，长势旺盛，芽的萌发力强，一年四季都可抽生新梢，一年可萌发3～4次梢，一般春梢萌发期1—3月、夏梢4—7月、秋梢8—10月、冬梢在10月下旬以后。第一次梢是春梢（即当年结果枝），1—3月萌发；第二次梢是夏梢，4—7月萌发，但结果树极少萌发夏梢，只有挂果量少或当年不挂果的植株才会萌发夏梢（图2-8）；第三次梢是秋梢，在采果后萌发，为翌年的结果母枝。结果树一般不会萌发冬梢，但若天气反常或树势过旺，则会出现冬梢，此时要及时去除；计划翌年不挂果或少挂果且需要更新树冠的，可保留冬梢。

图2-8　少量结果植株萌发夏梢

（2）花果的生长发育

桃金娘花为两性花，单生于叶腋，花期为3—5月，于3月中旬到4月初开始现蕾，现蕾期20天左右，3月末开始显花，开花时间大多集中在4月下旬，不同种源之间开花时间间隔20～40天，单朵花期平均3天，整株开花时间可持续30天以上。桃金娘种源地的始花期随着纬度降低而提早，越靠近沿海，始花期越早。海南临高的始

花期比广西右江始花期提早约3个月。笔者观测了2021年广东惠阳桃金娘花期物候，花芽分化于3月初，3月底开始膨大，4月初有零星开放，4月底至5月中旬是桃金娘的盛花期，5月底至6月初是末花期，只有零星花朵存于枝头。

桃金娘的繁育系统属于兼性异交，即桃金娘的繁育系统是混合交配系统。异花授粉和同株异花授粉两种方式都能坐果和结实，所以桃金娘坐果率高。桃金娘果实发育分为3个时期，第一个时期为果皮缓慢生长期，这个阶段为落花后15天；第二个时期为果皮生长期及果肉生长期，持续时间2～3个月；第三个时期为缓慢生长期，也称果实膨大期（图2-9），整个果实生长期为70～90天，在8月中下旬完全成熟。

图2-9　果实膨大期

2.　生态习性

桃金娘适宜生长在气候温暖湿润且海拔低于600 m的低山丘陵或台地上。主要气候带为北热带和南亚热带。土壤多由玄武岩砂、页岩或花岗岩风化发育而成的红壤土，是酸性土壤的指示植物，生境湿润或稍干旱。伴生灌木种类有野牡丹（*Melastoma candidum*）、银柴（*Aporosa dioica*）、黑面神（*Breynia fruticosa*）、坡柳（*Dodonaea viscosa*）、山芝麻（*Helicteres angustifolia*）、黄牛木（*Cratoxylum cochinchinense*）等。由于群落生境的不同，伴生种类也有所差别，南亚热带北部向中亚热带过渡区域常出现小果珍珠花（*Lyonia ovalifolia* var. *elliptica*）、檵木（*Loropetalum chinense*）、灰叶乌饭（*Vaccinium glaucophyllum*）和石斑木（*Rhaphiolepis indica* var. *indica*）等。在生境略干旱的条件下岗松（*Baeckea frutescens*）、余甘子（*Phyllanthus emblica*）等也会出现。在群落未遭到进一步破坏的情况下，马尾松（*Pinus massoniana*）会迅速侵入其中，形成马尾松桃金娘群落，其间可能伴生有木荷（*Schima superba*）、枫香（*Liquidambar formosana*）等先锋阔叶树的幼苗。草本层高度一般可达40～70 cm，盖度40%左右，常见种为白茅（*Imperata cylindrica*）、芒萁（*Dicranopteris pedata*）等（图2-10）。

桃金娘对极端低温有一定的敏感性，温度低于3 ℃的寒冷霜冻天气会对低纬度种源的桃金娘幼苗造成损伤，但高纬度种源表现出一定耐低温特性。桃金娘耐贫瘠，在土层较浅的荒山上也能正常生长，因此，可以用于土壤贫瘠的荒山生态修复，防止水土流失。在野外，桃金娘常分布于林木稀疏的阳面山坡，表现为喜阳性，但在高大乔木底层和阳光不足的阴面亦能存活。桃金娘对水环境有极强

的抗逆性，其幼苗在水中浸泡数日仍能存活，甚至表现出一定的适应性，与水生植物近似。

图2-10　广东省惠州市惠阳区桃金娘野生植物群落

第三章
桃金娘繁殖方法

　　桃金娘的繁殖方法分为有性繁殖和无性繁殖。桃金娘的有性繁殖与其他种子植物一样，是通过种子来进行的，故又称为种子繁殖或播种繁殖。无性繁殖则是利用植物的茎、叶、根等营养器官进行繁殖，故又称为营养繁殖，现有桃金娘的无性繁殖方法主要有扦插和组织培养等方法。

一、播 种 繁 殖

1. 种子采集与储藏

　　桃金娘从开花到种子成熟所需要的时间因产地不同而有所差异。但主要集中在7—9月成熟，浆果表面由青色转为红色，最后成熟时果实呈紫黑色，根据果实的成熟程度随时采收。

　　选择无病虫、饱满多汁的果实为播种材料，野外采摘后，把果实放入编织袋堆沤2～3天，让果实充分腐熟后，用脚踩在装有果实的编织袋上，使种子被挤出果皮，再倒入盛水的大容器中，用筛网捞出果皮。由于种子与果肉粘合在一起会影响发芽，故要把含有果肉的种子与细沙混合反复搓洗，去掉果皮和果肉后用清水洗净，过滤后得到种子，再用0.5%高锰酸钾溶液浸泡种子20分钟，取出用清水冲洗干净后，放置于室内通风处自然晾干。晾干后的种子装入纸袋或布袋中妥善保存，等到外界条件满足时再播种育苗，可避免因外界环境变化刺激而消耗内部养分，从而影响种子活力。

　　常用的储藏方式有常温干燥储藏、冰箱低温储藏或低温湿沙储藏等。低温储藏的种子含水量高于常温储藏的种子，储藏环境越潮湿，种子的含水量越高。但是越干燥越接近常温储藏条件下的种子活力也越高，常温干燥储藏的种子活力最高，其发芽率、发芽势也高于其他储藏方式。此外，新鲜种子较储藏一年的种子发芽率高。因此，桃金娘种子采收后应尽快播种，若储藏则以常温干燥储藏为最佳储藏方式。

2. 播种时间

桃金娘的播种时间依条件而定。在有温室实验的条件下，可以随采随播；如无温室设备，需到翌年开春后3—4月进行；如在温度较低的季节进行播种，可利用苗床加盖覆膜的形式提高种子萌发率。最好当年采摘的种子当年播种，因为当年采摘的新鲜种子发芽率会高于陈年种子。

3. 播种方法

（1）选种

播种前可用水选法选种，将种子放入水中浸泡1～2小时，去掉浮在水面上的杂物及不成熟的种子，选择沉下的大粒饱满的种子。

（2）浸种

因桃金娘的种子表层含蜡质层，需进行浸种处理，播种前将选出的种子用4 ℃恒温水、60 ℃热水浸泡24小时或用5 g/L硝酸钾溶液浸泡12小时后，能破坏种子表面蜡质，让水分更好地渗进种子胚乳中，促进其萌发。或用氨基酸多元果树药剂浸种，浸泡时间为4～6小时。试验结果表明，用该药剂处理后可使种子缩短发芽时间，提高发芽率，发芽率可达89%。

浸种后再对种子进行消毒，用0.5%高锰酸钾浸泡5～10分钟后，取出用清水冲洗干净。

（3）播种育苗

桃金娘种子极小，播种力求均匀。种子较多时，可在露地开沟或筑垄作床进行撒播。播种时地势要求高敞，土质疏松，排水良好。播种前要进行整地，若土壤过干，可在浇一次透水后再翻耕耙地，力求做到土要细、地要平（图3-1）。

整地平整后，起垄做苗床。整成宽1.2 m左右，高10～15 cm，长度没有严格限制的育苗床。

在苗床施足有机肥，用耙平整垄面，使有机肥与土壤混合均匀。为了防止日常浇水时，种子随水流出苗床外，垄面四周要高出其中央垄面5 cm左右。用石灰对垄面进行撒施后再浇水消毒，或用高锰酸钾500倍液或百菌清500倍液加辛硫磷1 500倍液浇透苗床消毒。喷完药液后在苗床上铺一层薄膜。1周后，掀开薄膜，再用耙稍微松土，以防土壤病害。将种子与细沙混合均匀后撒播在苗床上，播完种子后用细土或椰糠覆盖2～3 cm（图3-2）。

图3-1　苗床整理　　　　　图3-2　苗床播种

覆土要比覆盖椰糠出芽慢1周左右，覆土或椰糠后浇足水，浇水时水压不宜过大，或采用人工提水淋洒，以防种子溅出苗床。每天早晚各浇一次水，每次都要浇透，保持苗床湿润以利于种子发芽生长。同时可用竹片搭成一个拱形的小棚，在其上覆盖一层薄膜，使苗床增温保湿，有利于种子的萌发。同时要盖一层遮阳网，防止出苗时被强光灼伤，遮阴度为60%。要注意苗床温度，中午易引发高温，要做好通风工作，保持苗床湿润。为防止病菌感染，幼苗期经常用65%代森锌可湿性粉剂1 000倍液喷洒。

（4）幼苗管理

当种子子叶长出后，可把薄膜去掉，留着遮阳网。待幼苗长出3～4片真叶后，淋施20%～30%尿素水溶液，促进幼苗拔高（图3-3）。

图3-3　种子出苗长真叶

当大部分幼苗长到2 cm时，应适时拔草。除草应做到除早、除小。否则杂草会吸收过多的营养和侵占幼苗的生长空间，从而抑制桃金娘幼苗的快速生长。除草后要及时浇水，每隔1周喷一次液体肥、生长素、多菌灵、水比例为1∶1∶2∶10 000的混合液。

采用种子撒播时，由于人为因素，可能会造成种子撒密，长出苗后要进行间苗，有利于苗床上的幼苗通风，增大幼苗的生长空间，并减少病害的传染。在多雨的季节里，幼苗期要做好防雨排水工作。刚冒出芽的种苗，遇到大雨时要用薄膜覆盖，禁止雨水打伤幼苗。要时刻注意雨水在苗床边的集聚量，做好引水排水工作，以免雨水漫过苗床，造成不必要的损失。

进入10月底秋季时，特别是温度较低时，可用塑料薄膜进行覆盖，对幼苗进行保温处理，加快其生长。夜晚盖严薄膜，白天则掀开通风。

（5）病虫害防治

桃金娘幼苗超过10 cm时，可以适量施用林业专用复合肥。桃金娘管护较易，抗病虫性强，栽培中极少见病虫害，有时会见锈菌感染，叶片显铁锈斑状，可导致生长不良，但不会致死。一般发生在土壤较贫瘠、水分供给不足的地方，4—6月为主要染病期。

栽培或养护期间，可定期喷洒1.25 g/L多菌灵溶液防止病害的发生；或在感病期间及时摘除病叶，喷洒50%代森胺10 g/L溶液或者50%退菌特1 g/L溶液进行防治。

（6）幼苗装袋

待种苗长至5～10 cm，可将茎发红且略木质化的幼苗移栽到装有营养土的营养袋继续培养。装苗前先把育苗袋浇透，搭好遮阳网，且选择阴天或者傍晚进行。挖取幼苗时不能用力拔，应从根系挖出。挖出幼苗后如果部分苗根系过长可将根系剪成3～5 cm长（图3-4），用竹签在营养袋中插一个小孔，把幼苗插进小孔后压实（图3-5）。

装好苗后立刻浇透水，然后每天早晚各浇水一次，一般每次喷灌维持15分钟以上，使营养袋湿透，其成活率能达90%以上。桃金娘幼苗移植装袋时容易失水导致死亡，故要视天气情况尽可能保持袋苗湿润，3个月后能够用作生产用苗（图3-6）。

图3-4 根系修剪

图3-5 幼苗装袋

图3-6　桃金娘幼苗袋苗生长过程

二、扦插繁殖

随着桃金娘人工栽培的兴起，桃金娘也可通过扦插进行繁殖，但根据研究报道，因桃金娘本身单宁含量高，难以形成愈伤组织，故其扦插繁殖普遍存在成活率不高、生根率较低等问题。所以现关于桃金娘的扦插繁殖方法并不成熟，还有待进一步研究探讨。

1. 插穗采集

扦插繁殖桃金娘的插穗可采自野外生长的个体或专用母株。但不论哪一类，最好在采条前2天给母株充分灌水，然后在晴朗天气的早上或阴天采条，采条后应及时扦插，以保证成活率。

应选择生长健壮、无病虫害、老嫩适中的一年生无花蕾的枝条，枝条粗5～6 mm，剪取包含3～5节、8～10 cm长的插穗。采后的插穗应进行必要的处理，才能成为较规范的插穗，过长的插穗要截去顶梢。修剪时插穗下切口要正好在节下，以利于生根；同时将下部2～3节的叶片从叶柄基部剪去，留顶端3～5叶即可。若上部顶叶加大，可将上部2～3节的叶片剪去1/2，以减少水分的蒸发，后将插穗下切口离腋芽0.5 cm处斜剪成一个45°斜切口。

2. 生根处理

在获得整齐一致的合格插穗后，为提高扦插存活率，常在扦插前对插穗进行化学处理，即浸泡生根剂类物质，促进层细胞分裂，形成根原基，从而促进插穗生根（图3-7）。

图3-7　插穗生根浸泡处理

常见的生根剂有吲哚乙酸（IAA）、萘乙酸（NAA）、吲哚丁酸（IBA）和生根粉（ABT）等，就愈伤组织发生率而言，相同浓度下IAA＞IBA＞ABT＞NAA；就扦插成活率而言，相同浓度下IBA＞NAA＞IAA。生根剂的浓度对插穗生根影响较大，当IBA和NAA浓度各为100 mg/L时，有利于桃金娘插穗生根，最高生根率可达48%；当IBA浓度为500 mg/L时，桃金娘一年生嫩枝插穗生根率可高达76%。若浓度太高，也达不到应有的效果，其生根率反而会

降低。或用6号ABT生根粉配成300 mg/L水溶液，将已剪好的枝条整理好后放入生根粉水溶液浸泡2小时，以浸没1～2 cm为宜。

3. 扦插基质

为提高插穗生根率，选择适宜的扦插基质也至关重要。如红壤土作为扦插基质不但有利于提高插穗的生根率、生根数量、根长和成活率，还能促进插穗根系木质化，推测可能是桃金娘作为红壤地区特有植物，红壤中有某种成分利于桃金娘扦插生长。

其次，利用砻糠炭黑作扦插基质也有利于提高扦插生根率，不但能提高基质温度，持水性能好，同时黑色的环境也有利于其愈合生根。此外，疏松透气的混合基质优于间沙、黄心土等单一的基质。黄心土浇水后易板结，透气性差，导致根腐，而河沙通透性较好，导致升温快，不利于其移栽成活。当泥炭土与珍珠岩的配比为2∶1时，其基质透水性好，利于生根（图3-8）。

图3-8　泥炭土和珍珠岩配比

4. 扦插方法

扦插有盆插和地插两种，盆插时，可用1/3粗土垫底，上面装2/3的细土，扦插时，先用小竹竿打洞，然后插入插穗，插穗与地面呈45°斜角，深度为插穗的1/3～1/2，间距为3 cm左右。地插时，先做好插床，扦插苗床面宽为100 cm、高为20 cm。插法与盆插相同，株行距为10 cm左右，插后要及时喷雾浇足水，并搭建阴棚，在便利操作管理下，阴棚的高度尽量低一些，以利于保持空气湿度，同时用洒水壶喷洒多菌灵消毒。方盆插的阴棚高1.8～2.0 m，地插则在苗床上方搭建高为50 cm左右的半圆阴棚，拱棚上盖遮阳网，透光率为10%左右。

5. 插后管理

扦插后定时用细孔喷壶浇水保湿，并注意保持周围环境有较高的湿度，防止叶片失水枯萎。同时每隔7天左右用喷雾器喷洒消毒液（多菌灵、代森锰锌、甲基托布津交替使用，浓度按说明书使用），并及时拔除枯萎插穗和杂草，其间根据气温情况适当打开薄膜通风。

插穗1个月后便可有愈伤和根系长出（图3-9、图3-10），当扦插根系已相当丰富时，就可以开始施用氮肥，浓度为3%～5%，桃金娘种苗培育3个月后就可以出苗圃定植，成活率可高达95%以上。

图3-9　桃金娘根系愈伤组织

图3-10　桃金娘扦插根系

三、组织培养繁殖

用组织培养方法培养桃金娘，是指切取桃金娘植株上的某一组织或器官，在无菌人工培养基上，使其生长发育，只需较少的材料在短时间内就可繁殖大量苗木。组织培养具有繁殖速度快、繁殖不受季节限制、繁殖成本低、能大量地保持原有种类的优良性状，还可获得无病毒个体等优点。组织培养技术是能快速繁殖桃金娘的有效手段之一，人们正在努力将这一技术应用到桃金娘的繁殖中。

1. 外植体选择与消毒

桃金娘组织培养外植体材料包括茎段（顶芽下2～4节）、叶、种子和花药等材料。其中茎段、叶和种子各外植体用洗衣粉在自来水下清洗干净后，再进行表面消毒处理，茎段以在2% $NaCl_2O$ 浸泡10分钟后，再用0.1% $HgCl_2$ 浸泡8分钟的组合消毒方式为佳；嫩叶最佳消毒方法则为2% $NaCl_2O$ 浸泡10分钟后，再用0.1% $HgCl_2$ 浸泡6分钟为好；老叶为0.1% $HgCl_2$ 浸泡10分钟+2% $NaClO$ 浸泡8分钟，种子为0.1% $HgCl_2$ 浸泡16分钟。消毒处理的外植体再用无菌水冲洗3～4次后，用消毒镊子夹取材料接种到无菌培养基上。

由于茎段表面有许多茸毛，加之茎段上腋芽部分不易消毒，所以茎段的平均污染率较叶片高。此外，除了通过组合浸泡的方式提高浸泡效率外，还可以通过选择晴天采样、采样前移至室内培养或喷洒农药、预处理时用农药浸泡、培养基中添加抑菌剂等方式来提高浸泡效率。

2. 培养基

桃金娘组织培养基以添加浓度为0.5 mg/L 2,4-D、0.2 mg/L NAA、2.0 mg/L 6-BA、20 g/L蔗糖、8 g/L卡拉胶的MS培养基为主，pH 5.8。培养室温度控制在25±2 ℃，光强3 000 lx，每天光照12小时。

茎段在培养18～20天后即可诱导愈伤组织产生。叶片在15天左右即可诱导出愈伤组织，嫩叶的诱导率高于老叶，诱导率可达77.7%。种子播种后30天开始萌发，在培养基为0.5 mg/L 2,4-D、0.5 mg/L NAA、1.0 mg/L 6-BA、20 g/L蔗糖、8 g/L卡拉胶的MS培养基中成熟的种子萌发率可达75%。

花药培养技术可使小孢子产生单倍体，能快速获得某一性状纯合体，丰富亲本种质资源，加快育种进程，提高育种效率，缩短育种年限。有研究者利用桃金娘花药为材料进行了愈伤组织的诱导，发现在MS + 2.0 mg/L 2,4-D + 1.5 mg/L 6-BA + 0.1 mg/L NAA的培养基中，其愈伤组织诱导率为30.82%。低温预处理可以提高花药愈伤组织诱导率，适宜的生长调节剂浓度和组合有利于提高花药愈伤组织诱导率。

第四章
桃金娘建园与种植方法

一、资源圃的建立

1. 资源圃地的选择

桃金娘资源圃的建立，是为了对桃金娘种质资源进行保存，为培育优良品种提供材料，应选择生态条件适宜的地区建立资源圃。

（1）气候条件

桃金娘原产热带地区，喜高温、高湿环境，对冬季温度要求很严，当环境温度低于10 ℃以下时会停止生长，在霜冻出现时不能安全越冬。园地应选择年平均气温在20 ℃以上，最冷月平均气温在10 ℃以上，绝对最低温度不低于−1.5 ℃，年积温6 500～8 000 ℃，年无霜期345天左右的地区。

（2）土壤选择

桃金娘喜酸性土壤，植物学家把它列为酸性土的指示植物，生长地的土壤pH在4.0～5.0。具中等肥力的丘陵坡地、山窝和河坝地均可种植，土层深厚、微酸性、排水良好的红壤和黄壤丘陵坡地是桃金娘栽培的理想地。而且桃金娘能耐瘦瘠，可在荒山坡地种植。以向阳、冷空气不易聚集，土层较厚、疏松肥沃，排水良好的酸性土壤，红壤丘陵地为佳。

（3）光照环境

桃金娘喜光，不耐荫蔽，强光下的桃金娘可通过根系大、枝叶多且小等特点在水分和养分竞争中处于优势，并利用小的枝角和叶毛来避免强光的伤害。

（4）水源的选择

桃金娘根系喜湿润，但忌种植地渍水，渍水易引起根系腐烂。山地栽培的桃金娘，垂直根入土较深，一般少受旱害。桃金娘对盐碱地也有一定的忍耐度，喜湿润，但不耐涝，适合在湿度70%～80%的环境下生长。

2. 定植前准备

（1）资源圃种植设计

按照所选址的地形地貌和资源圃的规模准备地块的大小，规划土地功能（如设立种植区、育苗区、引进苗木隔离区、堆肥区等），同时，修筑工具房、肥料库房、道路及水土保持工程等基础设施。

（2）圃地清理和整地

不论山地、坡地、沙地，为满足桃金娘生长发育的需要，均需提前采用割草机和人工除杂的方式将圃地中的杂草、杂木清除干净，保留重要的灌木和乔木树种。根据圃地情况，进行带状整地和块状整地，深耕土壤，以利于透气、保水和根系的深入，翻耕后暴晒数日以利于土壤灭害消毒。在此基础上再进行深翻熟化、增加有机质等改良土壤的工作（图4-1）。

图4-1　平整场地

（3）土壤改良

通常所选择的种植园土壤并非都能适合桃金娘的生长。pH过高或过低、土壤黏重、土壤有机质含量低均不利于桃金娘的生长。因此应该在定植前对土壤的结构、理化性状、有机质含量等进行综合评价，对不适宜的土壤进行改良，以利于桃金娘的生长。

A．土壤pH过高调节

桃金娘为喜酸性植物，当土壤pH大于5.5时，就应采取措施降低土壤pH。常用的方法是土壤施硫黄粉（200目）或硫酸铝。

施用硫黄粉量的具体计算方法。

沙土：pH 4.5以上每百平方米降低0.1需施硫黄粉0.367 kg。

壤土：pH 4.5以上每百平方米降低0.1需施硫黄粉1.222 kg。

例如：①沙土pH 6.0需降至5.0，则6.0－5.0＝1.0＝10个单位，$10 \times 0.367 = 3.67$ kg，即每百平方米pH为6.0的土壤降至5.0需施硫黄粉3.67 kg。

②壤土pH 6.0需降至5.0，则6.0－5.0＝1.0＝10个单位，$10 \times 1.222 = 12.22$ kg，即每百平方米pH为6.0的土壤降至5.0需施硫黄粉12.22 kg。

硫黄粉的施用方法：将硫黄粉按所计算施用量均匀撒到地面上，用人工或机械深翻30 cm左右，使硫黄粉与需要改良的土壤搅拌均匀。施入硫黄粉要在定植的前一年进行，当年的作用不明显。全园改良效果最好，为了降低成本，也可以采取栽植沟改良或栽植穴改良。通常降低pH与其他土壤改良措施如增加有机质等一同进行。因此，目前国内普遍采用的方法是栽植沟改良或栽植穴改良。除了用硫黄粉调节土壤pH外，掺入酸性草炭也可有效地降低土壤pH。草炭与硫黄粉混合使用效果更佳。此外，土壤覆盖锯末、松树皮，施用酸性肥料，以及施用粗糠酸等均有降低土壤pH的作用。

B．土壤pH过低的调节

当土壤pH小于4.0时，由于重金属元素供应过量，易导致生长不良，产量降低，甚至死亡，此时可施用石灰，增加土壤pH。当土壤pH为3.3时，每公顷施用石灰8 t可使pH增至4.0以上。石灰的施用也应在定植前一年进行。

C．有机质的改良

土壤有机质是土壤肥力的主要物质基础之一。有机质能改善土壤的理化性质和物理机械性能，增加土壤孔隙度，降低土壤容重，同时也改善了土壤结构，增进了土壤的保肥和保水的作用；还可以促进土壤中酶活性，提高植物的抗逆性和适应性。研究表明，桃金娘在有机质含量大于20 g/kg的园地生长良好。因此，在定植前一个月，施入一定的有机肥做基肥（图4-2），可有效促进桃金娘的生长。

图4-2　施有机肥

（4）苗木准备

苗木质量和品种是否正确，直接关系到资源圃的成败。一般采用优良袋装苗木，应于栽植前进行品种核对、登记、挂牌，发现差错应及时纠正，以免造成品种混杂和栽植混乱；同时，还应对苗木

进行质量检查和分级。

合格的苗木应枝条完好、健壮、枝粗节间短、芽子饱满、皮色光亮、叶片浓绿、无检疫病虫害，并达到苗木的出土标准。对不合格、质量差的弱苗、病苗、畸形苗应严格剔除或淘汰；也可经过再培育，达到优质苗木标准后再定植。

近地可以带土挖苗定植，不需要浆根、剪叶，只要土团不松散，都能保证成活。远地用苗，可以不带土挖苗定植。必须在挖苗的头一天淋透水，第二天再挖苗，要尽量深挖少伤根，轻轻抖开土，然后剪去大部分叶片，并进行浆根包装运输以后再定植。经长途运输的袋装苗，因失水较多，应立即进行适当假植，待苗复苏后再定植；也可以在栽培时加入适量的生根粉溶液后再行栽植，这样会大大提高栽植成活率。

（5）定植

A. 定植时期

无论裸根或营养袋苗，应在春季定植，最好选立春至雨水前后、春梢抽吐前、春雨下透后种植。

B. 种植密度

株行距为1.5 m×1.5 m为宜。

C. 种植方法

人工挖坑，定植坑规格为 40 cm×40 cm×40 cm，挖坑时将表土和底土分开堆放；做好地埂、排水沟等间隔带，保证圃地的水分排灌。将营养钵苗或无纺布袋苗运到定植坑边，回填表土约10 cm，去除营养钵或无纺布袋，保护好土坨并放置到坑中央，把表土回填完后，浇定根水，最后回填底土。种植完成后每2天浇一次水，2个月后对枯死的苗木进行补种（图4-3）。

图4-3　桃金娘种质资源圃种植过程

（6）栽后管理

为了提高栽植成活率，确保幼树健壮生长，还必须加强幼树的栽后管理工作，主要工作内容如下。

A．土壤管理

每半年进行一次全面的松土、除草浅抚工作。以植株为中心，拔除半径50 cm内的杂草，保证无杂草、土壤疏松。每年秋、冬季

结合施用有机肥、磷肥进行扩穴深翻，以改善上壤理化性状，提高土壤肥力。夏、秋季结合施肥进行浅中耕和除草。冬季清园，结合修剪，锄除园内和园边的杂草。注意搞好排灌系统，减少水土流失。

B. 水肥管理

桃金娘喜湿怕涝，应加强水分管理。栽植后必须灌一次透水，以后根据天气情况，一般每1～2周灌一次透水，可提高栽植成活率，一般在晚间或早晨土温较低时灌溉为佳，此后，如遇高温或干旱还应及时灌溉。水源不足的地区，栽植并灌水后，立即用秸秆或地膜等覆盖树盘，以减少土壤中水分蒸发。在夏季高温、雨水较多的时期要注意适当遮阴，同时做好排涝工作。

C. 整形修剪

整形修剪以11月至翌年2月为好，使枝干、枝条分布合理，通风透光，并及时除萌。

D. 病虫害防治

桃金娘病虫害较少，可加强抚育管理，改善透光条件，人为破坏病虫越冬环境并增强树势，减少病虫害发生。在夏、秋季高温、高湿期进行1～3次病害预防工作。从4月开始，每月喷洒一次按1：1：200比例配制的波尔多液。若发生虫害时，根据不同虫害种类，采用高效低毒等无公害农药防治。

（7）信息管理系统建立

从建圃初期开始，所有工作都应该完整、清晰地记录在案，包括圃地最初的一切活动，每株桃金娘从种源地的收集、运输到定植，以及后期的每次抚育管理。要做到圃地内每株桃金娘的原始信息和生长状况都有据可查，工作人员可以快速准确修改某株树苗的信息，同时可以快速调取某株树从建档以来的信息，还可以从宏观上了解整个资源圃所有苗木的信息。

二、生产园建立

通常选择生态条件适宜的地区建立桃金娘生产园。园地应选择年平均气温20 ℃以上，最冷月平均气温10 ℃以上，向阳、冷空气不易聚集，附近水源丰富，土层较厚、肥沃、排水良好的酸性壤土。

1. 整地

平地起垄栽植，土壤耕翻平整，行向以南北向栽植为宜。不规矩丘陵地可沿等高线栽植，坡地依据园址的地形、坡度和小区分布开辟道路和梯田，并挖修好各级排洪、蓄水系统，修筑等高梯田或开平台，梯面宽不小于1.8 m，梯面向内倾斜3°～5°，使雨水往梯田内侧的横沟排流，梯田外侧设土埂高约20 cm、宽约30 cm。

2. 苗木栽植

（1）苗木准备

选择株高50 cm以上、主茎基部直径0.5 cm以上的二年生或三年生壮苗，苗木健壮，分枝多，根系发达，无病虫害和明显伤害，可提高移栽成活率。

（2）定植时期

无论裸根苗或营养袋苗，应在春季定植，最好选立春至雨水前后、春梢抽吐前、春雨下透后种植。

（3）挖定植穴

挖50 cm × 50 cm × 50 cm定植穴，然后可先铲集地表植被和表土与适量过磷酸钙、石灰、有机土杂肥混合回填。通常这项工作结

合土壤改良措施一同进行。定植前应进行土壤测试，如缺少某些元素可将肥料一同施入。

（4）定植密度

控制定植行距为2.0～2.5 m，株距为1.2～1.5 m。

（5）定植方法

栽植时先铲集地表植被和表土与适量过磷酸钙、石灰、有机土杂肥混合回填，回填深度以苗木根茎部略高出原地面为宜，并将下层土踩实，再将苗木放入定植穴中央，植入松散土壤，定植后浇透水。

3. 土肥管理

（1）施肥量和施肥时间

定植后前2年少施肥，主要按照N∶P_2O_5∶K_2O＝1∶0.4∶0.66配施氮磷钾肥，盛果期可以按照N∶P_2O_5∶K_2O＝1∶0.49∶1.05配施氮磷钾肥。对于缺素生产园可以调整施肥比例，施肥时间主要是早春萌芽前和采收后。

（2）施肥方法

根据肥料的性质、土壤情况和桃金娘根系生长，分布采取不同的施肥方法。通常以树冠外缘滴水线内外为重点施肥区。有机肥应深施，化肥可适当浅施，施肥位置要轮换、逐渐外移。施肥方法有环状沟施法、对面沟施法、放射沟施法、穴施法及根外追肥法等。

（3）排灌管理

生长期和果实膨大期需保持土壤湿润，田间持水量应保持在70%～80%，花芽分化期保持在60%左右，晚秋后减少水分供应，以利于果树及时进入休眠期。幼年桃金娘的根系以肉质根为主，分布较浅，既怕干旱，更怕积水引致土壤缺氧，造成烂根死亡，必须防止植穴下陷和梯田排水不良引致积水。

4. 整形修剪

桃金娘修剪的目的是调节生殖生长与营养生长的矛盾，解决通风透光的问题。修剪总的原则是达到最好的产量而不是最高的产量，防止过量结果。桃金娘修剪后往往导致产量降低，但单果重、果实品质增加，成熟期提早，商品价值增加。

修剪时应防止修剪过重，以保证一定的产量。修剪程度应以果实的用途来确定：如果加工用，果实大小均可，修剪宜轻，以提高产量；如果是市场鲜销生食，修剪宜重，以提高商品价值。

修剪的主要方法有平茬、疏剪、剪花芽、疏花、疏果等，不同的修剪方法其效果不同。究竟采用哪一种方法，应该视树龄、枝条多少、花芽量等而定。在修剪过程中各种方法应配合使用，以便达到最佳的修剪目的。

（1）幼树修剪

幼树定植后第1、第2年就有花芽，开花结果后会抑制营养生长，定植不满3年的幼树以培养扩大灌丛和整形为主，主要目的是促进根系发育、扩大树冠、增加枝条。修剪方面以去除花芽、细弱枝条和小枝为主，第3~4年以扩大树冠为主，可适量结果，以壮枝为主要结果枝。

（2）成龄树修剪

进入成年以后，内膛易郁蔽，树冠较高大，此时修剪主要是控制树高，改善光照条件，修剪以疏枝为主，疏除过密枝、细弱枝及病虫为害枝，回缩老枝及根系产生的分蘖。回缩大枝先轻后重，即先回缩1/3，等回缩更新后的大枝再次衰弱时，加大回缩力度剪去2/3。对生长势较开张的树去弱枝留强枝，直立树势去中心干，开天窗，留中庸枝。弱小枝可采用抹花芽的方法修剪，使其转壮。成

年树花芽量大，常采用剪花芽的方法去掉一部分花芽，一般每个壮枝剪留2～3个花芽。

三、园林造景和造林定植

桃金娘也是边坡绿化和道路绿化的优良树种（图4-4、图4-5）。

种植前

种植后

图4-4　桃金娘边坡绿化

种植前

种植后

图4-5 桃金娘道路绿化

1. 定点挖穴

按照园林规划图进行定点挖种植穴。种植穴规格为30 cm×30 cm×30 cm，挖好种植穴后回表土到20 cm高。

选择好造林的地块后，要先将造林地上的杂草清理干净，然后按株行距2 m×2 m挖种植穴，种植穴规格为40 cm×40 cm×30 cm，挖好穴后就把挖出来的表土填回穴中。

2. 定植

选择阴天或雨天进行定植，用小铲把穴中回的土挖出一个小洞，洞的大小以能放入桃金娘带的土块为宜，放入穴后用手压土，使穴中的土能与桃金娘带的土块紧密接触，以利于根系吸收水分。

定植后要保证桃金娘的成活率，常观察种植穴是否干燥，如果干燥要及时浇水；若选取的造林地灌溉方便，给桃金娘浇足定根水，根据天气情况每天或每3天浇一次水。待桃金娘可以从周围的土壤吸取水分就不用再浇水；若遇到干旱的天气也需补给水分。若选择在山坡上造林，灌溉不方便，最好是选在阴雨季节定植。

3. 日常管理

种植1个月后进行首次抚育，对苗木周边生长的杂草进行清除，防止杂草遮盖过桃金娘，并施适量有机肥（以100 g/株为宜）。

第五章
桃金娘病虫害防治

一、病虫害防治原则

桃金娘易感染的病害主要有灰霉病、炭疽病、根腐病、病菌性黑斑病和细菌性叶斑病等。主要虫害有蚜虫、蚜虱、蟋蟀、天牛、鸟类等。病虫害防治主要有以下4个原则。

①预防管理：加强果园肥水管理，增强树势；夏季防旱排渍，做好整形修剪工作，保持通风透光；冬季剪去枯枝、病枝，做好果园清洁工作。

②物理防治：采用银灰膜避蚜、黄色粘虫板诱杀等。

③生物防治：合理选用农药及使用农药；在果园中保留覆盖白花草，保护利用天敌（如捕食蟥、食蟥瓢虫、草蛉、寄生菌等），采用生物农药防治病虫害。

④化学防治：做好病虫害的测报工作，适时用药，交替用药，选用高效、低毒、低残留农药。

二、主要病害及其防治方法

1. 灰霉病

灰霉病是一种由真菌引起的病害，具有繁殖快、遗传变异大和适应性强的特点，在潮湿的条件下，病部会产生大量的灰色霉层。

（1）主要症状

为害桃金娘的叶片、花蕾和花朵，受感染部位会变软、变褐，严重时会导致植株死亡（图5-1）。

图5-1　叶片灰霉病

（2）发生条件

在潮湿条件下，病部会产生灰色霉层。在温度24～25 ℃、湿度90%以上时，病原菌容易萌发侵染。如遇连续阴雨或日照不足等天气，容易发生灰霉病的发病高峰。

（3）防治方法

①清除病原：及时清除植株上的病叶、病果和病花，减少病原菌的初侵染源。在桃金娘落叶后或植株发病后，清除地上的落叶、落果和树上的病叶、病果，并集中烧毁。

②加强栽培管理：合理密植，采用合适的树形，修剪时去除背上枝、下垂枝、重叠枝、并生枝等，以改善通风透光性能。重视有机肥的施用，合理施用化肥，避免过量施用氮肥。

③化学防治：在灰霉病发病初期进行药剂防治，可选择速克灵、百菌清、甲基托布津或抗霉威等可湿性粉剂，连续喷施2～3次。

2. 炭疽病

（1）主要症状

受感染的果实会出现圆形黑斑和菌核的形成，病斑可能会有橘

红色的小粒点。叶片上的病斑通常为淡褐色近圆形或不规则形，后期病斑中部可能会变为灰褐色或灰白色，有橘红色至黑色的小点（图5-2）。

（2）发生条件

炭疽病原菌发育最适温度为25 ℃左右，最低12 ℃，最高33 ℃，致死温度为48 ℃。菌丝体在病梢组织内越冬，也可以在树上的僵果中越冬。春季借风雨或昆虫传播，侵害植物叶片，引起初次侵染，以后于新生的病斑上产生孢子，引起再次侵染。

图5-2　桃金娘炭疽病

（3）防治方法

①避免在低洼、排水不良的黏质土壤地段建园，尤其是在多雨地区，要起垄栽植。及时剪除新出现的病枯枝，防止扩大侵染。适时夏剪，改善树体结构，使之通风透光。

②加强栽培管理：浇水不要过度，避免水分过多给予病菌滋生的条件，但同时也不要过于节水，以免土壤干旱、影响植株正常生长。需要注意的是，浇水时要避免将水洒在花和叶子上，以免水滴滞留在上面，增加病害发生的机会。注意雨季及时排水，降低土壤湿度，增施磷、钾肥，提高植株抗病能力。夏季及时去除直立徒长枝，改善通风透光条件。

③化学防治：可用50%代森锌、50%甲基托布津1 000倍液，或75%百菌清800倍液防治，1：1：100倍的波尔多液和50%多菌灵1 000倍液喷洒叶片。每周用70%敌克松1 000～1 200倍液或50%多菌灵800倍液淋土一次。

3. 根腐病

（1）主要症状

桃金娘根腐病是一种由真菌引起的病害，主要为害植株的根部，导致根部腐烂，叶片出现黄化、干枯等症状，在种子萌发时易发生。

（2）发生条件

根腐病病原菌在土壤中和病残体上越冬，是翌年的主要初侵染源。其发生与气候条件关系很大，发病时间一般多在3月下旬至4月上旬，5月进入发病盛期。

（3）防治方法

①加强栽培管理：在种植前对土壤进行消毒处理，以减少土壤中病原菌的数量，通过施用有机肥料和深翻土壤，改善土壤结构和通气性，促进根系健康生长。避免过量施用氮肥，增施磷、钾肥和有机肥，保持土壤肥力均衡。避免过度灌溉，特别是在雨季要注意及时排水，防止根部长时间浸泡在水中。在种植前对苗木进行消毒处理，可以使用适当的杀菌剂进行根部消毒。一旦发现病株，应及时清除并销毁，避免病害的蔓延。

②化学防治：在发病初期，可以使用70%甲基托布津可湿性粉剂、50%多菌灵可湿性粉剂、75%百菌清可湿性粉剂、77%可杀得可湿性粉剂、50%克菌丹可湿性粉剂、80%代森锰锌可湿性粉剂等进行防治。每10天喷施一次，共喷施3～4次，以保护幼根。在桃

金娘定植时进行灌根处理，可以使用抗枯灵可湿性粉剂600倍液、噁霉灵可湿性粉剂300倍液浸根10～15分钟，防效较好；或用多菌灵、抗枯灵配制成药土进行根部覆盖。在桃金娘生长季节，定期对根基部和地表面进行喷淋或浇灌，可以使用上述药剂进行稀释后喷淋或浇灌。

三、主要虫害及其防治方法

（1）主要虫害

桃金娘主要虫害有蚜虫、蚜虱（又称介壳虫）、花叶螨蚜虫、寄蚜蝇、蟋蟀、天牛等。蚜虫会吸食桃金娘的汁液，导致叶片卷曲、变黄和脱落，蚜虱在叶片上产卵并吸食植物汁液，导致叶片黄化和凋落。花叶螨蚜虫寄生在叶片上，会导致叶片变黄、干枯和脱落。寄蚜蝇会寄生在桃金娘的根部，导致根部腐烂和植株生长不良。蟋蟀、天牛等会啃食桃金娘叶片，影响植物生长（图5-3、图5-4）。

图5-3　桃金娘叶片为害状

图5-4　宿存于桃金娘叶片的虫卵

（2）防治方法

①加强栽培管理：由于桃金娘的生长速度较快，所以需要大量的肥料。及时追加磷肥、钾肥和钙肥，能够提高其抗虫能力，减少虫害的发病率。此外，若是桃金娘的长势比较好，枝叶繁盛，通风透光率会降低，这个时候就容易发生病虫害。所以要适当修剪枝条，或者直接修剪掉病株。这种方式比较保守但对桃金娘生长是无害的。在冬春季，应将种植土壤进行深翻整地处理，然后施撒一些火土灰。火土灰与水混合后会产生发热反应，直接歼灭在土壤中过冬的病虫卵，起到除虫的作用。

②生物防治：引入天敌，如瓢虫和蚜虫寄生蜂，以控制蚜虫的数量。这些天敌可以帮助控制蚜虫的繁殖，减少感染。

③化学防治：蚜虫、蚜虱等用25%扑虱灵1 000倍液或40%速扑杀1 000倍液防治，果蝇用50%辛硫磷乳油1 000倍液喷施防治，蟋蟀、天牛等用毒死蜱800倍液喷施防治。

参 考 文 献

靳桂敏，钟瑞敏，林朝朋，2007. 岗稔黄酮苷提取工艺研究［J］. 现代食品科技（3）：42-44.

江彩华，方伟章，丁文恩，等，2003. 桃金娘保健饮料开发研究［J］. 林业实用技术（6）：10-11.

王文林，覃杰凤，韦持章，等，2011. 野生桃金娘果实营养成分分析与评价［J］. 中国南方果树（2）：48-49.

薛超雄，2008. 粉源植物——桃金娘［J］. 蜜蜂杂志（11）：40.

张崇根，1981. 临海水土异物志辑校［M］. 北京：农业出版社.